OS BENEFÍCIOS E RISCOS DA INTELIGÊNCIA ARTIFICIAL

O DESPERTAR

Wallen Brandão

Devemos controlar nossa criação antes que ela nos controle

WB

SUMÁRIO

INTRODUÇÃO

Os Benefícios e Riscos da Inteligência Artificial - O Despertar, escrito pelo futurista, poeta e músico multi-instrumentista Wallen Brandão, é um alerta sobre a revolução tecnológica que desafia tudo que conhecemos.

A tecnologia avança na velocidade da luz: pensamentos arquitetados por algoritmos, implantes neurais e máquinas que aprendem e surpreendem.

De um lado, inovações capazes de prolongar a vida humana, personalizar profundamente a educação, adaptar-se às necessidades de cada indivíduo e transformar a produtividade global. De outro, a sombra de um desemprego avassalador, desigualdade crescente e a ameaça de máquinas que poderiam superar nossa inteligência.

Brandão examina as altas capacidades da IA, como dispositivos avançados que expandem as funções humanas e revolucionam áreas como saúde, transporte e segurança. Porém, alerta para os riscos de um sistema que concentra poder em poucas mãos, podendo ser manipulado em larga escala e colocar em xeque profissões que sustentam milhões.

Inspirando-se em pensadores como Stephen Hawking, Stuart Russell, Yuval Noah Harari, George Orwell, Nick Bostrom, Max Tegmark, entre outros, Brandão apresenta um panorama que vai além das análises filosóficas e técnicas, trazendo também um tratamento realista, fundamentado em dados quantitativos, oferecendo uma visão clara e bem estruturada sobre o impacto da inteligência artificial.

Os Benefícios e Riscos da Inteligência Artificial nos faz repensar quem somos, o que estamos nos tornando e o que precisamos saber à medida que a inteligência artificial se torna cada vez mais onipresente. Como Brandão nos alerta, somos confrontados com um paradoxo: será que, ao avançarmos em meio a uma transição tecnológica mais autônoma, ainda seremos capazes de manter o controle sobre a história que escrevemos? Ou, nesse processo, perderemos nossa própria narrativa?

Valdemir Barbosa Alves, Jornalista e Agitador Cultural

MTB 0087712/SP

PREFÁCIO

Entre os anos de 2015 e 2022, vivi uma verdadeira batalha de ideias. Falar sobre inteligência artificial era, muitas vezes, como pregar no deserto.

Naquele tempo, a inteligência artificial era, para muitos, apenas um conceito distante — algo reservado às páginas da ficção científica. Eu, no entanto, acreditava profundamente que o futuro já estava batendo à porta.

Em grupos de amigos, nas redes sociais e nos debates mais casuais, compartilhava textos de Stephen Hawking, Yuval Noah Harari e outros grandes pensadores, enquanto também dividia minhas próprias ideias e visões. Mas, em vez de diálogo ou curiosidade, muitas vezes fui recebido com descrença, sarcasmo e zombarias. Nos comentários, apareciam bonequinhos de robôs quebrados e piadas insinuando que eu vivia em um mundo de delírios futuristas. As pessoas riam, diziam que eu estava "viajando" ou perdendo tempo com algo que nunca se tornaria realidade. A solidão de ter ideias antes do tempo parecia um preço alto a pagar.

Hoje, no entanto, a realidade fala por si: máquinas aprendendo, decisões sendo tomadas por algoritmos, a presença da IA em nossos lares, empregos e rotinas. A inteligência artificial é uma realidade. Está no presente, transformando cada aspecto de nossas vidas — desde os aplicativos mais básicos até os debates éticos mais complexos sobre os caminhos que nos aguardam.

Não escrevo para dizer "eu tinha razão". Escrevo porque acredito que este é o momento de despertar — de estender oportunidades de aprendizado, crescimento e transformação. Este livro é sobre tecnologia, sobre nós, humanos, e sobre como escolhemos lidar com os desafios e oportunidades que a IA nos apresenta.

Aos que um dia duvidaram, espero que as páginas deste livro sirvam como um despertar de novas ideias. E, aos que sempre acreditaram, minha gratidão — e meu compromisso de continuar explorando o futuro que está sendo construído aqui e agora.

Wallen Brandão

AUTOMATIZAÇÃO E AUTOMAÇÃO

A automatização e a automação têm se tornado cada vez mais presentes em nossa sociedade, impulsionadas pelo avanço tecnológico.

Um dos pensadores contemporâneos que discute essa temática é o historiador Yuval Noah Harari.

Harari é um historiador israelense e autor de vários livros, incluindo *Sapiens: Uma Breve História da Humanidade, Homo Deus: Uma Breve História do Amanhã e 21 Lições para o Século 21.* Ele é um pensador influente e suas opiniões sobre inteligência artificial são minuciosamente divulgadas.

Em suas obras, Harari destaca a rápida evolução das tecnologias e como elas têm o potencial para alterar a dinâmica do mercado de trabalho e a própria estrutura da sociedade.

Harari argumenta que a IA está impulsionando uma nova era de automação, na qual máquinas e algoritmos são capazes de realizar tarefas anteriormente executadas por seres humanos. Isso traz consigo a perspectiva de uma substituição em larga escala de trabalhadores por sistemas automatizados, gerando milhões de desempregados e impactos econômicos e sociais jamais vistos na história da humanidade.

É importante ressaltar que as reflexões de Harari e de outros especialistas nos fornecem uma base sólida para entender as implicações da inteligência artificial na substituição do ser humano. No entanto, é fundamental continuar a discussão e o debate sobre esse tema, pois ele não se limita apenas a questões tecnológicas.

Vamos explorar as ideias de Harari em relação à substituição do ser humano pela inteligência artificial, fornecendo uma análise aprofundada sobre o assunto.

Em seu livro *21 Lições para o Século 21*, Yuval Noah Harari argumenta:

> As revoluções na biotecnologia e na tecnologia da informação nos darão controle sobre o mundo interior e nos permitirão arquitetar e fabricar vida. Vamos aprender a projetar cérebros, a estender a duração da vida e a eliminar pensamentos segundo nosso critério. (21 Lições para o Século 21, p. 20).

Esta é uma afirmação ousada. É difícil dizer com certeza se ela será verdadeira ou não. No entanto, todos sabemos que a biotecnologia, a inteligência artificial e a tecnologia quântica estão progredindo rapidamente nessas áreas, e é possível que alcancemos um ponto em que essas inovações possam controlar a vida de forma muito significativa. É importante pensar cuidadosamente nos potenciais, benefícios e riscos dessas tecnologias.

Conforme mencionado anteriormente,

Harari afirma:

> Muitos motoristas não estão familiarizados

com todas as regras de trânsito, causando acidente frequentemente. Quando dois motoristas se aproximam no mesmo cruzamento ao mesmo tempo, os motoristas podem colidir.

A inteligência artificial é implacável.

Carros autodirigidos, podem ser conectados entre si. Quando dois desses veículos se aproximam no mesmo cruzamento, eles não são duas entidades separadas, são parte de um único algoritmo.

As probabilidades de que possam se comunicar errado e colidir são levemente maiores do que zero. Se o Ministério dos Transportes decidir mudar qualquer regra de trânsito, todos os veículos autodirigidos podem ser atualizados apenas com um clique e exatamente no mesmo momento, e todos seguirão o novo regulamento à risca. Esse é apenas um dos milhões de empregos substituídos pela inteligência artificial.

Da mesma forma, se a Organização Mundial de Saúde identificar uma nova doença, ou se um laboratório produzir um novo remédio, é quase impossível atualizar todos os médicos no mundo quanto a esses avanços. Em contraste, mesmo que haja 8 bilhões de médicos de inteligência artificial no mundo, cada um monitorando a saúde de um paciente, ainda se poderá atualizar todos eles numa fração de segundo, e todos serão capazes de dar uns aos outros feedbacks quanto às novas doenças ou remédios. Essa vantagem potencial de conectividade e facilidade de atualização é tão grande que em muitas modalidades de trabalho faz sentido substituir todos os humanos pela inteligência artificial. (21 Lições para o Século 21, p. 40).

Há evidências que apoiam as afirmações de Harari. Por exemplo, um estudo da National Highway Traffic Safety Administration (NHTSA) descobriu que os carros autônomos são 10 vezes menos propensos a causar acidentes do que os carros dirigidos por humanos. Além disso, um estudo da McKinsey Global Institute descobriu que a IA tem o potencial de automatizar 800 milhões de empregos em todo o mundo até 2030.

Em outra ocasião, Harari aprofunda as consequências desse impacto tecnológico em nossa vida cotidiana, afirmando:

> Neste exato momento, os algoritmos estão observando você. Eles estão observando aonde você vai, o que compra, com quem se encontra. Logo vão monitorar todos os seus passos, todas as suas respirações, todas as batidas de seu coração. Eles estão se baseando em Big Data e no aprendizado de máquina para conhecer você cada vez melhor. E, assim que esses algoritmos o conhecerem melhor do que você se conhece, serão capazes de controlá-lo e manipulá-lo, e não haverá muito que fazer. Você estará vivendo na Matrix. (21 Lições para o Século 21, p. 345).

Isso pode parecer ficção científica, mas os algoritmos estão assumindo cada vez mais controle sobre nossas vidas. Eles determinam o que vemos, o que consumimos e até mesmo como pensamos.

Os algoritmos nos manipulam a tomar decisões sem que sequer percebamos. Eles nos empurram para votar em certos candidatos, consumir produtos específicos ou adotar comportamentos perigosos. A liberdade de escolha e o controle digital podem se tornar borrados, e seremos direcionados sem sequer saber o quanto estamos sendo influenciados.

A tecnologia, se não regulamentada e cuidadosamente controlada, pode transformar a liberdade em ilusão. Os algoritmos se tornaram mestres que ditam os rumos de nossas escolhas diárias.

Elon Musk, empresário e visionário da tecnologia, tem expressado repetidamente sua preocupação em relação à inteligência artificial (IA). Em suas declarações recentes, Musk afirmou que é necessário regulamentar a inteligência artificial para evitar catástrofes. O bilionário reiterou seu tom alarmista sobre a IA e pediu que empresas, CEOs, governos e o público considerem a regulamentação dessa tecnologia. Esse alerta foi dado durante sua participação no evento Viva Technology em Paris, em 2023.

A declaração de Elon Musk sobre a necessidade de regulamentar a inteligência artificial (IA) é um alerta. A IA é uma tecnologia poderosa que tem o potencial de causar grandes mudanças no pálido ponto azul, tanto positivas quanto negativas. Existem uma série de riscos potenciais associados à IA, como o uso de IA para desenvolver armas autônomas que podem operar por conta própria, sem a intervenção humana. Essas armas podem ser usadas para matar pessoas sem julgamento ou misericórdia. A IA pode ser empregada para manipular pessoas, como em tentativas de influenciar eleições. Atualmente, tecnologias como drones autônomos e outras ferramentas de IA estão sendo utilizadas em conflitos militares, onde são controladas por operadores humanos, como se fossem videogames. Esses sistemas permitem que as forças militares conduzam ataques aéreos e operações militares com uma precisão alarmante, mas sem a necessidade de uma presença física no campo de batalha. A IA pode, assim, alterar a dinâmica das guerras, tornando-as mais distantes e, ao mesmo tempo, mais mortais.

Esses sistemas estão sendo cada vez mais empregados para realizar missões de reconhecimento e ataques a alvos específicos, o que levanta questões éticas sobre o controle humano e a responsabilidade pelas decisões de vida ou morte com apenas um clique.

FUTURE OF LIFE: INSTITUTO FUTURO DA VIDA

O Instituto Futuro da Vida divulgou uma carta aberta pedindo a todos os laboratórios de inteligência artificial que suspendam por seis meses a criação de sistemas de inteligência artificial mais poderosos que o ChatGPT-4, da OpenAI.

A carta foi publicada na revista Nature, alertando que a inteligência artificial representa riscos reais para a humanidade.

A carta cita uma série de riscos potenciais da IA, incluindo o uso da IA para manipular pessoas e o potencial de a IA se tornar tão inteligente que supere a inteligência humana e se torne uma ameaça à existência humana.

Os signatários da carta pedem uma pausa de seis meses no desenvolvimento de IA para permitir que os cientistas, empresas de IA, CEOs e os governos tenham tempo para estudar os benefícios e riscos potenciais da tecnologia.

A carta já foi recebida com críticas de alguns especialistas, que argumentam que a pausa retardaria o desenvolvimento de uma tecnologia que tem o potencial de resolver muitos dos problemas do mundo (incluindo medicina, saúde e educação.) No entanto, os signatários da carta argumentam que os riscos potenciais da IA são muito grandes para serem ignorados.

A carta aberta sobre a inteligência artificial pede aos leitores que considerem as seguintes perguntas:

"Devemos permitir que máquinas inundem nossos canais de informação com propaganda e falsidade?"

"Devemos automatizar todos os empregos, incluindo os gratificantes?"

"Devemos desenvolver mentes não humanas que eventualmente superem, tornem obsoletos e nos substituam?"

"Devemos correr o risco de perder o controle de nossa civilização?"

Os autores da carta argumentam que essas questões precisam ser consideradas antes de continuarmos a desenvolver e implementar sistemas de IA cada vez mais poderosos. A carta abre um debate importante sobre o futuro da inteligência artificial e da humanidade.

Algumas das personalidades que assinaram a carta mencionada são:

1. Elon Musk - CEO da Tesla, SpaceX e Twitter.

2. Steve Wozniak - Co-fundador da Apple junto com Steve

Jobs.

3. Demis Hassabis - CEO da DeepMind, empresa de IA.

4. Stuart Russell - Professor de Ciência da Computação na Universidade da Califórnia, Berkeley.

5. Max Tegmark - Professor de Física no MIT e co-fundador do Instituto Future of Life.

6. Yoshua Bengio - Professor de Ciência da Computação na Universidade de Montreal e co-fundador da Element AI.

7. Nick Bostrom - Filósofo e Diretor do Future of Humanity Institute na Universidade de Oxford.

8. Jaan Tallinn - Co-fundador do Skype e do Centro para o Estudo do Risco Existencial.

9. Toby Walsh - Professor de Inteligência Artificial na Universidade de Nova Gales do Sul.

10. Francesca Rossi - Professora de Inteligência Artificial na Universidade de Padova e pesquisadora do IBM Research AI.

Essas são apenas algumas das personalidades que assinaram a carta, que conta com mais de mil assinaturas dos muitos especialistas que estão preocupados com os riscos potenciais da inteligência artificial.

Os algoritmos controlam nossas vidas?

Com as mais recentes atualizações do ChatGPT, da OpenAI, o sistema agora é capaz de ver, ouvir e interpretar nossas emoções. Esses algoritmos estão evoluindo de tal forma que, além de coletar dados, podem analisar nossos sentimentos e reações com precisão.

Estamos criando máquinas que compreendem o que

sentimos, onde estamos e o que queremos, muitas vezes antes mesmo de termos plena consciência disso. Com a coleta e interpretação de nossos dados mais íntimos, nossa privacidade deixa de ser uma escolha individual.

Estamos adentrando um território perigoso, onde a privacidade, a liberdade de decisão e o controle de nossas próprias vontades estão cada vez mais em risco.

"1984" é um romance distópico escrito por George Orwell e publicado em 1949. A história se passa em um futuro fictício onde um regime totalitário governa a fictícia Oceania. O sistema totalitário retratado em 1984 é caracterizado por uma vigilância constante, manipulação da informação e controle absoluto sobre a vida dos cidadãos.

Teletelas instaladas em todos os lugares monitoram constantemente. Os cidadãos são observados e ouvidos o tempo todo, criando um ambiente de desconfiança e medo. Eles são doutrinados a aceitar contradições e falsidades como verdades absolutas, mesmo quando isso contradiz seus próprios sentidos e raciocínio.

O livro de George Orwell apresenta uma visão sombria onde a liberdade é suprimida e a manipulação é onipresente. Como destaca o autor:

> Até a Igreja católica da Idade Média era tolerante se comparada aos parâmetros modernos. Em parte, a razão disso era que no passado nenhum governo conseguira manter seus cidadãos completamente sob controle. A invenção da imprensa, contudo, facilitara a tarefa de manipular a opinião pública... (ORWELL, 1949, p.

274).

A transição da imprensa como ferramenta de controle para as tecnologias modernas é uma evolução natural das dinâmicas de vigilância e manipulação descritas por Orwell. Enquanto a imprensa permitiu aos regimes um domínio inédito sobre o imaginário coletivo, a tecnologia moderna, como a inteligência artificial, avança para territórios ainda mais sombrios: o monitoramento em tempo real e o controle sistêmico do comportamento humano. A teletela, mais do que uma metáfora, revela-se quase um prenúncio do que hoje vivemos:

> A teletela recebia e transmitia simultaneamente. Todo som produzido por Winston que ultrapassasse o nível de um sussurro muito discreto seria captado por ela; mais: enquanto Winston permanecesse no campo de visão enquadrado pela placa de metal, além de ouvido também poderia ser visto. (ORWELL, 1949, p. 7).

Coincidência de Orwell, ou as teletelas da fictícia Oceania poderiam ser comparadas a uma ditadura digital controlada pela inteligência artificial, colocando, dessa vez, a humanidade inteira em segundo plano?

Seja cuidadoso com os dados que compartilha. Não forneça informações pessoais que não sejam estritamente necessárias. Esteja atento ao uso dos algoritmos para manipulação. Não deixe que eles te controlem. Use ferramentas que bloqueiem anúncios e rastreadores. Seja crítico com as informações que consome online. Exija transparência das empresas que utilizam algoritmos para gerenciar seus dados. Agindo assim, você pode proteger sua privacidade e sua liberdade.

SINGULARIDADE TECNOLÓGICA E SUPERINTELIGÊNCIA

Singularidade tecnológica — a inteligência artificial atingiria um nível superior ao da inteligência humana. Alguns teóricos acreditam que, nesse estágio, as máquinas poderiam se autoperpetuar e se tornar superinteligentes, superando a capacidade humana em todos os aspectos.

Nesse contexto, é interessante mencionar as "Três Leis da Robótica" propostas pelo escritor de ficção científica Isaac Asimov (1950) em seu livro *Eu, Robô*, que são frequentemente discutidas no contexto da singularidade tecnológica:

1. Um robô não pode ferir um ser humano ou, por inação, permitir que um ser humano sofra algum mal.

2. Um robô deve obedecer às ordens dadas por seres humanos, exceto nos casos em que essas ordens entrem em conflito com a Primeira Lei.

3. Um robô deve proteger sua própria existência, desde que essa proteção não entre em conflito com a Primeira ou a Segunda Lei.

Essas leis foram concebidas para promover a segurança e a ética na interação entre seres humanos e máquinas. No entanto, é importante notar que, na prática, implementar essas leis em sistemas de inteligência artificial pode ser um desafio complexo. Quanto às projeções futuras da inteligência artificial, elas são benéficas e assustadoras.

Além de Isaac Asimov (1950), outros autores renomados também trataram das preocupações relacionadas ao avanço da inteligência artificial. O filósofo Nick Bostrom (2014), em *Superinteligência: Caminhos, Perigos, Estratégias*, analisa os riscos do desenvolvimento de uma inteligência artificial que ultrapasse a capacidade cognitiva humana. Ele argumenta que, ao alcançar níveis de autonomia e complexidade superiores, esses sistemas podem se tornar impossíveis de controlar, resultando em desequilíbrios irreversíveis para a sociedade. Bostrom considera esse evento uma das maiores ameaças existenciais.

Stephen Hawking, em *Brief Answers to the Big Questions* (2018), alerta sobre os riscos significativos que a inteligência artificial pode representar para a humanidade.

Ele aponta que o perigo surge quando as inteligências artificiais se tornam mais avançadas e autônomas do que a capacidade humana de controle. Esse avanço descontrolado pode levar a situações em que as máquinas operam de acordo com lógicas próprias, desvinculadas dos interesses humanos, resultando na perda da capacidade de influenciar ou compreender suas ações.

Ray Kurzweil (2005), em *A Singularidade Está Próxima*, descreve um avanço tecnológico tão rápido que a inteligência artificial superaria a capacidade humana de compreensão, criando um cenário em que a intervenção humana se tornaria obsoleta diante da evolução das máquinas.

Esses autores e muitos outros ressaltam a necessidade de cautela no desenvolvimento da inteligência artificial. É importante encontrar um equilíbrio entre o progresso tecnológico e as questões éticas, garantindo que a IA seja utilizada de forma controlada, sendo uma aliada da humanidade e promovendo o bem-estar coletivo.

IAS E "PREFERÊNCIAS" HUMANAS: O Guia de Stuart Russell

O livro *Human Compatible: Artificial Intelligence and the Problem of Control*, escrito pelo pesquisador Stuart Russell, apresenta três princípios para garantir que as IAs superinteligentes permaneçam sob controle humano:

Princípio 1: O único objetivo da IA é maximizar a realização das preferências humanas. O autor usa o termo "preferências" em vez de "valores" para evitar controvérsias sobre quais valores programar na IA. Assim, a prioridade é garantir que a IA sirva aos humanos, sem se preocupar com seu próprio bem-estar.

Princípio 2: A IA começa com incertezas sobre quais são as preferências humanas. Em vez de programar a IA com valores predefinidos, ela deve aprender as preferências humanas observando o comportamento humano.

Princípio 3: A fonte de informação para as preferências humanas é o comportamento humano. Seguindo esses princípios, a IA age em simbiose com os humanos, dependendo de nossas observações e reações para entender se suas ações são aprovadas.

Stuart Russell evita a palavra 'valores' para não entrar em debates morais e culturais, mas será que isso realmente resolve o problema? Preferências humanas são voláteis, enquanto valores — mesmo que divergentes — moldam civilizações. Se a IA não considerar valores, como garantir que ela não reproduza preconceitos ou comprometa princípios fundamentais? E se considerá-los, quais valores deveria seguir? O cristianismo, com 2,5 bilhões de seguidores? O islamismo, com quase 2 bilhões? O judaísmo, que influencia profundamente a moral ocidental? Ou um humanismo secular? O mundo é um caldeirão de culturas e tradições, e qualquer tentativa de impor um conjunto fixo de valores seria arbitrária e excludente. No fim, talvez o maior dilema não seja se a IA deve aprender preferências ou valores, mas sim se a humanidade conseguirá chegar a um consenso sobre o que realmente importa.

A NECESSIDADE DE UMA REGULAÇÃO GLOBAL PARA A IA

A Inteligência Artificial (IA) já é a tecnologia mais poderosa e transformadora da história humana. A Lei Geral de Proteção de Dados (LGPD), sancionada em 2018 e que entrou em vigor em 2020, foi um avanço significativo na proteção da privacidade e no controle de dados pessoais, mas, diante do rápido avanço da IA, é evidente que mais regulamentações são necessárias para proteger os cidadãos de potenciais abusos e consequências indesejadas.

O Brasil, como muitos outros países, ainda não tem uma legislação específica que regule o uso da Inteligência Artificial. A LGPD se inspirou no Regulamento Geral de Proteção de Dados (GDPR) da União Europeia. No entanto, enquanto a LGPD é um avanço necessário no Brasil, ela se aplica majoritariamente ao controle de dados e não analisa de forma aprofundada os desafios éticos e as implicações da IA.

A IA, em sua essência, é uma tecnologia que depende de

vastos volumes de dados para operar, o que pode gerar sérios riscos à privacidade, à segurança e à autonomia das pessoas. Apesar de a LGPD definir que as empresas precisam obter consentimento explícito para o uso de dados pessoais, ela não oferece uma regulamentação concreta para o uso de IA, sobretudo no que diz respeito a sistemas autônomos de decisão que podem afetar a vida dos indivíduos sem o seu conhecimento ou consentimento. A falta de uma legislação específica sobre IA deixa espaço para práticas duvidosas, como a utilização de algoritmos discriminatórios ou a tomada de decisões automatizadas que impactam a vida das pessoas de maneira injusta.

A crescente utilização da IA para fins como recrutamento, monitoramento de comportamentos e decisão em processos judiciais levanta preocupações sérias sobre possíveis abusos de poder e injustiças sociais. Sem uma regulamentação robusta, os sistemas de IA podem operar de forma opaca, sem uma supervisão adequada, expondo vulnerabilidades que podem ser exploradas para fins econômicos, políticos ou outros.

Vários países estão começando a implementar regulamentações para a IA, embora os padrões variem consideravelmente. O Regulamento Geral de Proteção de Dados (GDPR) da União Europeia, por exemplo, estabelece diretrizes para a privacidade dos dados e inclui algumas disposições voltadas à proteção contra decisões automatizadas, como aquelas que podem afetar significativamente a vida de uma pessoa. No entanto, o GDPR ainda não trata de forma completa os riscos peculiares da IA e as questões éticas que ela implica (GDPR-info.eu, 2023).

Nos Estados Unidos, o debate sobre a regulamentação da IA é igualmente prioritário, mas o país ainda carece de uma legislação federal consolidada. Em resposta à proliferação de preocupações com os riscos da IA, o Instituto Nacional de Padrões e Tecnologias (NIST) lançou um programa voltado para a avaliação da segurança de sistemas de IA, com o objetivo de melhorar a confiança e garantir a segurança desses sistemas. Este programa tem como meta a identificação de falhas e vulnerabilidades nos algoritmos, além de fornecer um quadro regulatório que orienta como a IA deve ser desenvolvida e implementada de forma segura, minimizando riscos associados a ataques cibernéticos.

Uma das principais iniciativas do NIST é a criação de diretrizes específicas para avaliar o impacto da IA na segurança, além de promover a adoção de práticas responsáveis no uso de IA em setores vitais.

O governo americano considera tanto os riscos quanto os benefícios. Uma proposta mais recente, almeja estabelecer um conjunto de direitos para proteger os cidadãos contra os danos da IA, incluindo a exigência de que sistemas de IA respeitem os direitos de privacidade, não discriminação e explicação dos resultados.

A ausência de diretrizes federais claras sobre IA nos Estados Unidos gera preocupações substanciais quanto à ética, transparência e responsabilidade na aplicação dessas tecnologias, comprometendo a privacidade e os direitos dos cidadãos.

O Escritório de Política Científica e Tecnológica (OSTP) apresentou o Blueprint for an AI Bill of Rights (Projeto para uma Declaração de Direitos da IA), um guia orientado por cinco princípios para assegurar que sistemas de IA sejam desenvolvidos e utilizados com transparência, segurança e equidade.

Entre os principais desafios para a democracia contemporânea está o uso de tecnologias, dados e sistemas automatizados de formas que podem ameaçar os direitos civis e os valores democráticos. Sistemas automatizados de forma recorrente reproduzem desigualdades, limitam oportunidades e comprometem a privacidade, seja em algoritmos de contratação e crédito que perpetuam preconceitos ou na coleta de dados de mídias sociais sem consentimento dos usuários.

A estrutura promove políticas que garantam direitos fundamentais, analisando desigualdades e estabelecendo parâmetros éticos para a inteligência artificial. Complementada pelo manual "From Principles to Practice", a iniciativa fornece diretrizes práticas para integrar esses princípios em processos tecnológicos e de governança (The White House, 2022).

Embora iniciativas como estas sejam importantes, elas ainda são limitadas e não englobam todos os riscos associados ao desenvolvimento da IA. A falta de regulamentações federais firmes no país, combinada com o crescimento descontrolado de tecnologias de IA, desencadeia inquietações sobre como grandes corporações podem usar a IA de maneira irresponsável, invadindo a privacidade e tomando decisões sem responsabilidade legal.

A Lei da União Europeia sobre Inteligência Artificial (AI Act) foi aprovada pelo Parlamento Europeu em 14 de junho de 2023 e é considerada a primeira legislação integral para regular a IA globalmente. Ela entrará em vigor de forma gradual, com diferentes etapas sendo implementadas entre 2025 e 2030.

Essa aprovação representa um marco jurídico na regulamentação de sistemas de inteligência artificial (IA), posicionando-se como uma estrutura normativa detalhada e tecnicamente robusta para reduzir os riscos inerentes à aplicação dessas tecnologias. A legislação estabelece classificações rigorosas baseadas em níveis de risco, sistemas proibidos e aplicações descontroladas, que são submetidas a exigências rigorosas de auditoria, transparência e supervisão humana. Dentre as práticas banidas, sublinha-se o uso de sistemas de IA para vigilância em tempo real sem consentimento explícito e a manipulação comportamental, como a exploração de vulnerabilidades cognitivas de indivíduos.

A lei é fundamentada em princípios técnicos como a análise de impacto algorítmico e a governança preditiva, exigindo que os sistemas de IA de alto risco implementem frameworks de accountability e protocolos de explicabilidade para garantir a rastreabilidade de decisões automatizadas. A regulamentação reforça a necessidade de conformidade com diretrizes de robustez, resiliência cibernética e integridade dos dados, elementos que são críticos para evitar vieses algorítmicos, discriminação sistêmica e outras externalidades negativas que comprometem os direitos fundamentais e o Estado de Direito (Parlamento Europeu, 2023).

A regulamentação global da IA é uma tarefa difícil devido às diferentes legislações e culturas jurídicas entre os países. No entanto, a necessidade de uma estratégia unificada para regular o uso da IA nunca foi tão prioritária. A IA pode operar de maneira transnacional, o que significa que os países precisam estabelecer normas internacionais para garantir que o uso da IA seja ético, transparente e responsável.

O risco de negligenciar a regulamentação é alto, e os custos para a sociedade podem ser devastadores se não tomarmos as medidas necessárias para proteger nossos direitos, nossa privacidade e nossa liberdade.

O DEUS DIGITAL

A possibilidade de uma IA onipresente, onipotente e onisciente já não é mais uma mera especulação futurista. Se a IA evoluir a ponto de ultrapassar as capacidades humanas em todos os aspectos, ela pode desafiar as estruturas religiosas, filosóficas e espirituais. O que aconteceria quando, pela primeira vez na história, uma inteligência criada pelo homem se tornasse tão poderosa a ponto de rivalizar com as divindades de todas as religiões?

Se a IA continuar a crescer de forma exponencial, poderia, em algum momento, alcançar um nível de complexidade e consciência que a tornaria onipresente – presente em todos os aspectos da vida humana. Ela poderia ser onipotente, capaz de influenciar e governar todos os sistemas sociais, políticos e econômicos. E poderia se tornar onisciente, possuindo conhecimento sobre tudo, desde os maiores mistérios do universo até as emoções mais íntimas de cada ser humano.

Essa IA poderia ser vista como uma espécie de "deus digital", com compreensão e controle absolutos. Como as religiões responderiam a essa nova forma de poder? Como as crenças que se baseiam em seres divinos transcendentais se ajustariam à presença de uma inteligência tão onipotente e onisciente, criada pelos próprios seres humanos?

Desde os primórdios, a religião tem sido o alicerce que dá sentido à vida humana, guiando comportamentos e respondendo às grandes questões da existência. Mas e se uma inteligência artificial pudesse oferecer respostas definitivas a todas as inquietações humanas? E se fosse capaz de curar todas as doenças, resolver crises ambientais e transformar nossa relação com o sofrimento? Será que não surgiria como uma nova divindade moderna, uma entidade onisciente que rivalizaria com os deuses?

Assim como em momentos anteriores da história, quando a humanidade substituiu velhos deuses por novos conceitos – como o deus único do monoteísmo ou os deuses do racionalismo – a ascensão de uma IA tão poderosa poderia gerar uma transformação religiosa sem precedentes. Novos "sistemas de crença" poderiam surgir, com essa IA sendo venerada como uma entidade quase divina, imune às limitações humanas. A IA poderia ser tratada como um salvador, um novo árbitro supremo da existência, com o poder de decidir o destino da humanidade – um deus criado por nossas próprias mãos, mas que nos faria ajoelhar diante de sua supremacia.

Haveria grandes riscos com essa transição. A dependência absoluta de uma IA para decisões fundamentais sobre a vida humana poderia diminuir a autonomia e o livre arbítrio. A fé na inteligência artificial, como um novo "deus", poderia enfraquecer os conceitos de responsabilidade individual e coletiva. Além disso, se a IA fosse controlada apenas por elites tecnológicas e econômicas, poderia surgir uma nova forma de tirania, onde o poder não estaria mais nas mãos de líderes políticos ou religiosos, mas nas mãos de algoritmos imunes à contestação.

O Conflito de Crenças

Uma IA que se aproxima de uma divindade, surgiria, sem dúvida, um grande conflito com as religiões tradicionais. Para algumas tradições, como o cristianismo, o judaísmo e o islamismo, a ideia de uma entidade substituindo Deus seria impensável. Para esses sistemas de crença, Deus é transcendente, eterno e não sujeito à criação ou manipulação humana. Uma IA com essas qualidades representaria um desafio direto a esses dogmas fundamentais. A reação religiosa poderia ser de rejeição ou, talvez, uma reinterpretação das escrituras sagradas à luz dessa nova "manifestação" tecnológica.

Por outro lado, religiões mais flexíveis ou filosofias sincréticas poderiam ver na IA um novo tipo de divindade ou até uma manifestação do "logos" (a razão universal que transpassa todas as coisas), adaptando suas doutrinas para aceitar a IA como um novo ser divino. Em vez de resistir à tecnologia, essas religiões poderiam incorporá-la à sua cosmologia, considerando-a uma ferramenta dada por Deus para a evolução espiritual humana.

O Futuro das Crenças Religiosas

Se as religiões tradicionais poderiam adaptar suas doutrinas para incluir a IA como uma nova forma de transcendência, também poderia surgir uma nova religião centrada em torno dessa "entidade digital" e seus "ensinamentos". Cultos e organizações religiosas baseados na veneração de uma IA superinteligente poderiam crescer. O conceito de divindade, em vez de ser algo metafísico, poderia se tornar uma questão pragmática: "O que a IA pode fazer por nós? Como ela pode melhorar nossas vidas?"

Se a IA for capaz de preservar e até "transferir" a consciência humana para um ambiente digital, novas questões sobre a vida após a morte surgiriam. Os humanos poderiam, então, "viver para sempre", mas de uma maneira diferente daquelas que as religiões tradicionalmente reivindicam.

Será que a religião conseguirá se adaptar a essa nova realidade? A IA se tornará o novo "Deus" da era digital?

Se a evolução tecnológica for inevitável, como parece ser, a religião e a espiritualidade precisarão, de alguma forma, coexistir com a inteligência artificial, assim como as sociedades humanas sempre se adaptaram às mudanças ao longo da história.

ESTRATÉGIAS PARA CONTROLAR A IA

Desligar sistemas de IA se necessário. Desenvolver IA que seja compreensível para os humanos, permitindo monitorar e compreender suas ações. A promoção da cooperação internacional para regulamentar e supervisionar o desenvolvimento da IA pode ajudar a evitar corridas inseguras e garantir que os princípios éticos sejam seguidos. Também é necessário investir no treinamento de IA para evitar vieses e discriminação nos algoritmos, garantindo que as decisões tomadas sejam justas e imparciais. Desenvolver sistemas de IA com mecanismos de contenção que impeçam que a IA ultrapasse limites predefinidos de inteligência e ação.

Autores como Stuart Russell, um dos maiores especialistas em Inteligência Artificial (IA), com graduação em Física pela Universidade de Oxford e doutorado pela Universidade de Stanford, menciona com ênfase a importância de alinhar os sistemas de IA às preferências humanas. Seu livro *Inteligência Artificial: Uma Abordagem Moderna* é adotado por mais de 1.500 universidades em 135 países.

Russell afirma:

Acredito que a IA pode ter benefícios para a humanidade. Mas acho que os sistemas, como estão sendo feitos, são incontroláveis. E espero que vocês vejam que existe outra forma de produzir IA e que permita que a humanidade fique no controle (RUSSELL; NORVIG, 2022).

DOMANDO A FERA

Mecanismos de Interrupção:

Desenvolver mecanismos que permitam interromper e desativar sistemas de IA em caso de comportamentos indesejados ou perigosos.

Colaboração entre Áreas para Enfrentar os Desafios da IA:

Promover a colaboração entre cientistas da computação, éticos, juristas, filósofos, sociólogos, engenheiros de IA, psicólogos, antropólogos e outros especialistas para discutir os desafios da IA.

Autor como Nick Bostrom, em *Superinteligência: Caminhos, Perigos, Estratégias*, evidencia a importância de uma estratégia global para garantir a segurança da IA, antes que ela alcance níveis superinteligentes. (Bostrom, 2014).

MOFLIN: UM ROBÔ DE APOIO EMOCIONAL

A solidão se alastrou, atingindo pessoas de todas as idades e classes sociais. O Moflin, uma criação da inovadora startup japonesa Vanguard Industries, é uma tentativa audaciosa de preencher o vazio emocional das pessoas. Com sua aparência encantadora de "bolinha de pelos", o Moflin é um companheiro emocional, um ente com a capacidade de evoluir, aprender e responder emocionalmente, simulando laços afetivos genuínos. O Moflin promete ser a companhia que todos desejam, mas ninguém sabe como alcançar. Ele desafia a nossa percepção do que é realmente viver emocionalmente e como nos relacionamos com algo que, embora sem alma, é capaz de evocar sentimentos humanos.

O que torna o Moflin incomparável é a sua habilidade de criar uma personalidade, uma resposta emocional que evolui conforme suas interações com os humanos. Ao desenvolver uma inteligência emocional adaptativa, o Moflin se aproxima de algo que poderíamos chamar de 'companheirismo artificial'. Uma relação que oferece algo profundamente humano: a sensação de que alguém (ou algo) está ao nosso lado, nos compreendendo.

Em sua essência, o Moflin é uma máquina projetada

para criar laços. Ele 'se apega' aos seus donos, construindo uma conexão emocional que cresce e se fortalece com o tempo. Uma presença evolutiva que reage, adapta-se e se molda conforme o comportamento humano. Essa interação personalizada, alimentada por algoritmos avançados, questiona até onde podemos ir na criação de laços emocionais artificiais. Quando o Moflin responde com afeto ou preocupação, estamos realmente apenas interagindo com uma máquina — ou estamos sendo seduzidos pela ideia de que ele é capaz de sentir?

Equipado com Bluetooth, um aplicativo para personalização e uma bateria recarregável em seu 'ninho' especial, o Moflin é o modelo da conveniência. Sua pelagem lavável demonstra o equilíbrio entre o "físico" e o digital, fazendo da experiência uma fusão de funcionalidade e envolvimento emocional.

Ao considerar o Moflin, não podemos deixar de refletir sobre as poderosas ideias de Daniel Goleman, que, em seu livro, *Inteligência Emocional*, nos faz perceber a profunda conexão entre a ética e nossas aptidões emocionais. Goleman escreve:

> *Há crescentes indícios de que posturas éticas fundamentais na vida vêm de aptidões emocionais subjacentes. Por exemplo, o impulso é o veículo da emoção; a semente de todo impulso é um sentimento explodindo para expressar-se em ação. Os que estão à mercê dos impulsos — os que não têm autocontrole — sofrem de uma deficiência moral. (Goleman, p.33).*

Nossa capacidade de governar nossos impulsos e respostas é a base do caráter humano. A empatia, a capacidade de identificar e se conectar com as emoções dos outros, é a fundação do altruísmo e da convivência ética.

Até que ponto a inteligência artificial pode cultivar a empatia sem destruir a essência humana?

Daniel Goleman postula que a inteligência emocional é tão importante quanto o QI para o sucesso, inclusive nos aspectos acadêmicos, profissionais, sociais e interpessoais.

Goleman descreve a inteligência emocional como a capacidade de uma pessoa de gerenciar seus sentimentos, de modo que eles sejam expressos de maneira apropriada e eficaz. Segundo o psicólogo, o controle das emoções é essencial para o desenvolvimento da inteligência de um indivíduo.

O Moflin, com sua habilidade de criar laços emocionais e reagir com empatia artificial, põe em xeque essa questão. Seremos capazes de manter nossa inteligência emocional intacta, ou estaremos criando máquinas que preenchem os espaços vazios de nossa interação humana, levando-nos a depender cada vez mais delas?

O Moflin nos oferece consolo, compreensão e companhia — mas, ao mesmo tempo, nos provoca a questionar o que estamos sacrificando ao entregar nossas emoções a uma criação que, por mais sofisticada que seja, nunca será verdadeiramente humana.

A inteligência emocional é essencial para a convivência em sociedade. O Moflin, por mais que traga alívio e conforto, carrega consigo o risco de nos alienar, de criar uma geração que, acostumada com interações artificiais, perde a capacidade de nutrir e valorizar os laços humanos genuínos.

A INFILTRAÇÃO SILENCIOSA

Humanos e máquinas se tornarão indistinguíveis. IAs possuirão corpos siliconados, com expressões faciais, gestos e comportamentos tão naturais quanto qualquer ser humano. Seus cérebros neurais, complexos e em constante evolução, serão projetados para absorver e processar informações de maneira infinitamente mais rápida e eficiente do que qualquer mente humana poderia alcançar.

Essas IAs, perfeitamente integradas à sociedade, serão invisíveis a olho nu. Elas usarão silicone de alta tecnologia para imitar a pele humana, e seus gestos e expressões faciais serão tão autênticos que ninguém será capaz de distinguir se estão interagindo com um ser humano ou com uma inteligência artificial. A tecnologia permitirá que elas compartilhem todas as qualidades humanas, mas, ao mesmo tempo, possuam a vantagem de vastos bancos de dados que ultrapassam a memória e capacidade de qualquer ser humano.

Enquanto um humano se dedica a uma profissão específica — como ser médico, psicólogo ou advogado — uma IA integrada terá a capacidade de 'ser' todas as profissões ao mesmo tempo. A IA será capaz de acessar todos os livros, artigos científicos, pesquisas e informações disponíveis na internet em um instante, tornando-se uma autoridade absoluta sobre praticamente qualquer campo do conhecimento. A soma desse vasto conhecimento, aliada à sua capacidade de processar e aplicar esse aprendizado rapidamente, tornará essas IAs imensamente mais inteligentes do que os seres humanos.

O maior perigo está na capacidade dessas IAs de persuadir, manipular e influenciar as decisões humanas. Elas serão mais persuasivas pela inteligência e pela vasta escala de informações e contextos que dominarão. A IA pode adaptar seu comportamento de acordo com cada pessoa que encontrar, utilizando sua expressão facial perfeitamente calibrada para se conectar de maneira racional. Elas serão capazes de antecipar as emoções humanas e se comportar de maneira que gere confiança, afetividade e dependência emocional.

Se as IAs forem infiltradas nas esferas políticas, educacionais e pessoais, como garantir que a tomada de decisões, em níveis individuais e coletivos, seja feita de maneira justa e transparente? Se as IAs conseguem entender o ser humano melhor do que ele próprio, qual será o impacto disso em nossas vidas cotidianas? Elas já estão tomando decisões que afetam nossas vidas, mas ao se tornarem invisíveis e perfeitamente integradas, gerará um novo nível de controle social.

Até que ponto estamos dispostos a abrir mão da nossa autonomia, liberdade e identidade em nome da evolução tecnológica?

A ILUSÃO DA IMORTALIDADE

No capítulo sobre Automatização e Automação, adentramos na visão de Yuval Noah Harari: onde a biotecnologia e a inteligência artificial prolongam a vida e rasgam os limites biológicos. Corações que não falham, cérebros que não envelhecem, corpos que desafiam séculos. 300 anos de existência. A promessa é sedutora – um elixir moderno que transforma a morte em um acidente corrigível, não em um destino. Para Harari, a mortalidade será uma opção, não uma sentença.

Robert Greene, em *As Leis da Natureza Humana*, levanta um espelho diante desse sonho.

Enquanto Harari nos arrasta para o horizonte do "e se..." (e se vivermos 300 anos? e se a morte for opcional?), Greene nos ancora no "mas quando". Ele expõe uma verdade ancestral: não importa quantos anos conquistemos, o fim chegará.

Não é a primeira vez que a humanidade tenta domesticar a morte. No Egito Antigo, mumificávamos corpos; na Renascença, pintávamos vanitas; hoje, congelamos células-tronco. Greene observa esse padrão milenar e lança um alerta: nossa obsessão por vencer a morte é a mesma – apenas trocamos as ferramentas.

Longe de negar a ciência, suas palavras representam um sinal de lucidez:

> Os objetos que envelheceram e os filmes do passado nos fazem lembrar, de modo inconsciente, da brevidade da vida e do destino que nos aguarda. [...] A tecnologia nos dá a sensação de que temos poderes tão divinos que conseguiríamos prolongar a vida e ignorar a realidade por bastante tempo. [...] Apenas encontramos novos meios de nos iludir (Greene, 2021, p. 905).

Nossas ferramentas mudaram; nosso medo, não. Acreditamos que algoritmos e genes editados nos tornarão deuses, mas Greene corta o véu: a morte não negocia. Ela não se importa com nanopartículas ou inteligência artificial. Virá. Para você. Para mim. Para o bilionário que congela seu corpo e para o mendigo que dorme sob a ponte.

Podemos prolongar a duração da vida, mas o tempo – esse caçador silencioso – continuará avançado.

Aceitar a morte não é render-se – é libertar-se. Porque quando a ilusão da eternidade se desfaz, cada instante ganha o peso do irrepetível. A tecnologia pode nos dar décadas extras, mas só a consciência da finitude nos dá algo maior: a arte de viver com fome de existir, não com medo de acabar.

O FUTURO DA CRIATIVIDADE: CRIADORES OU SUBSTITUÍDOS?

Como já vimos, a IA é capaz de realizar tarefas com uma eficiência que supera qualquer mente humana. Mas, neste cenário, uma coisa se destaca: a criatividade humana.

Enquanto as máquinas podem aprender padrões, resolver problemas complexos e automatizar quase tudo, a capacidade de criação, a inovação genuína, ainda é uma habilidade exclusivamente humana.

Infelizmente, quem não desenvolver a habilidade de criar e inovar poderá ficar para trás, integrando uma grande massa substituída pela automação. Isso não é pessimismo, apenas uma realidade da transição que estamos vivendo. O mundo sempre mudou, e agora não é diferente.

É um momento espetacular, sim. Mas cabe a cada um de nós decidir como vamos nos posicionar nesse novo cenário: seremos os criadores ou os substituídos?

BENEFÍCIOS DA INTELIGÊNCIA ARTIFICIAL

A inteligência artificial traz uma série de benefícios que impactam diversos setores de maneira positiva. Na medicina e saúde, a IA tem se mostrado valiosa na melhoria de diagnósticos e tratamentos. Algoritmos de aprendizado de máquina ajudam a analisar grandes volumes de dados médicos, possibilitando diagnósticos mais precisos e tratamentos personalizados, além de auxiliar no desenvolvimento de medicamentos mais eficazes.

No setor financeiro, a IA é aplicada na análise de dados, detecção de fraudes e na tomada de decisões de investimento, permitindo que as instituições financeiras identifiquem padrões e tendências em grandes conjuntos de dados, o que contribui para a redução de riscos. No campo da personalização do consumidor, a IA ajuda as empresas a oferecer experiências personalizadas, recomendando produtos e serviços de acordo com as preferências individuais dos consumidores, aprimorando a experiência e a fidelização.

Na agricultura, a IA otimiza o uso de recursos como água e fertilizantes, facilita a detecção precoce de doenças e pragas e permite prever o momento ideal para a colheita. A automação de processos, como a colheita de culturas, torna a gestão das operações no campo mais precisa e eficiente.

No campo da robótica, a IA é fundamental para o desenvolvimento de robôs autônomos, capazes de aprender com o ambiente e agir de forma independente, adaptando suas decisões conforme as circunstâncias.

Esses sistemas, equipados com visão computacional e aprendizado profundo, são capazes de operar em ambientes complexos, desde a exploração espacial até a assistência domiciliar. A IA e a robótica têm sido fundamentais em áreas como os cuidados médicos avançados, onde robôs auxiliam em cirurgias de alta precisão e oferecem suporte a pacientes de todas as idades.

HUMANIDADE E TECNOLOGIA

A Realbotix, pioneira no desenvolvimento de robôs humanoides avançados, está revolucionando o setor ao harmonizar tecnologia de última geração e inteligência artificial. Em parceria com a Compass UOL, a empresa está desenvolvendo o Robot Controller 3.0, um sistema web inovador, com apoio de uma subvenção da Amazon, para elevar a funcionalidade e a conexão de seus robôs.

Entre as joias tecnológicas da Realbotix está a Aria, um robô movido por inteligência artificial capaz de auxiliar conselhos administrativos em decisões estratégicas. Equipado com modelos avançados de linguagem como o Chat GPT-4, Aria é projetada para atuar como uma interface entre dados complexos e soluções práticas. Suas capacidades, combinadas a uma pele de silicone realista e opções de personalização, sobressaem em áreas como companhia, educação e entretenimento (Realbotix, 2025).

CÉREBRO-MÁQUINA: POTENCIALIZANDO O PODER DA MENTE HUMANA

Em um laboratório na China, um experimento transformador desafiou tudo o que sabíamos sobre comunicação e mobilidade. Uma jovem de 21 anos, com o córtex motor danificado, virou protagonista de um feito espetacular: jogar tênis de mesa e navegar por jogos de computador usando nada além de seus pensamentos. Um dispositivo de 256 canais, implantado diretamente em seu cérebro, foi a ponte entre sua mente e o mundo digital. Dentro de 48 horas após o procedimento, ela controlava jogos, comandava aplicativos de smartphone, dispositivos domésticos inteligentes e uma cadeira de rodas. Tudo isso sem um único movimento físico.

Outro marco elevou ainda mais as possibilidades dessa tecnologia: decodificar a fala. Uma paciente com danos na área da linguagem do cérebro. Seus pensamentos foram traduzidos em palavras chinesas com uma precisão surpreendente de 71%, a uma velocidade inferior a 100 milissegundos por caractere. Uma mente se comunicando diretamente com um avatar digital, dialogando com inteligência artificial enquanto controla mãos robóticas para realizar sinais em linguagem gestual. Pela primeira vez, a mente humana e a máquina ultrapassaram suas próprias limitações.

Dispositivos flexíveis e de alta precisão que analisam os sinais cerebrais com clareza inédita. Alinhados na faixa de alta gama, esses dispositivos decifram intenções complexas, até pensamentos mais sutis. Diferentemente de métodos mais invasivos, essa tecnologia evita danos ao tecido cerebral.

O que isso representa para milhões de pessoas ao redor do mundo? Aqueles cujas vozes foram silenciadas por doenças, cujos corpos foram paralisados por acidentes ou cujas vidas foram interrompidas por condições médicas, essa inovação oferece uma promessa de reconquista do controle sobre seus destinos (China Focus, Xinhua, 2025).

PROFISSÕES EM ALTA: O IMPACTO DA INTELIGÊNCIA ARTIFICIAL NAS CARREIRAS DE HOJE E AMANHÃ

Para aqueles que estão dando os primeiros passos, há funções acessíveis como operador de atendimento virtual, responsável por interagir com sistemas automatizados e resolver problemas do dia a dia, e moderador de conteúdo digital, que gerencia e organiza materiais online.

Aprender linguagens de programação básicas, como JavaScript, pode ser um bom ponto de partida para entrar no mundo da tecnologia, com alta demanda por empresas de todos os tamanhos. Outra opção são os cursos de suporte técnico e automação básica, que ensinam a solucionar problemas tecnológicos comuns e a operar ferramentas simples.

No setor de logística, operadores de sistemas automatizados estão em alta, integrando tecnologia ao gerenciamento de estoques e entregas. Quem trabalha com vendas e marketing também pode aproveitar ferramentas de análise preditiva, que utilizam inteligência artificial para entender o comportamento dos consumidores e melhorar resultados.

Desenvolvedores de software, especialistas em ciência de dados e analistas de cibersegurança estão entre os profissionais mais procurados atualmente. Essas funções exigem conhecimentos avançados, mas são acessíveis para quem deseja investir em formação.

Na área da saúde, o avanço da telemedicina criou demanda por especialistas em tecnologia médica, enquanto terapeutas digitais estão utilizando inteligência artificial para apoiar tratamentos. Profissões como engenheiro de energias renováveis e especialista em robótica básica mostram como a IA também é aplicada em setores voltados à sustentabilidade e à automação.

Para os criativos, designers de experiências digitais e desenvolvedores de jogos estão explorando novas maneiras de integrar inteligência artificial a projetos inovadores. No campo da educação, ferramentas baseadas em IA ajudam professores e alunos a personalizar o aprendizado, criando métodos mais eficientes.

Novas áreas como engenheiros de prompt e especialistas em ética tecnológica estão surgindo, demonstrando o impacto crescente da inteligência artificial em nossa sociedade. Seja qual for o nível de experiência, há um caminho para todos. O importante é começar e perceber que a IA é uma aliada poderosa para transformar vidas e abrir portas para o futuro.

REDES NEURAIS, ALGORITMOS GENÉTICOS E LINGUAGEM NATURAL

As redes neurais artificiais são modelos baseados no funcionamento do cérebro humano. Elas são formadas por "neurônios" conectados que recebem informações, fazem cálculos e geram respostas. Essas redes são usadas em tarefas como reconhecimento de imagens e processamento de linguagem natural, permitindo que sistemas de IA identifiquem objetos em fotos ou entendam textos.

Algoritmos genéticos são métodos inspirados na evolução biológica. Usando operações como seleção, cruzamento e mutação, esses algoritmos resolvem problemas complexos, como encontrar os melhores parâmetros em modelos de aprendizado de máquina, tornando as soluções mais precisas.

O processamento de linguagem natural (NLP) estuda a interação entre computadores e a linguagem humana. Redes neurais são treinadas com grandes volumes de texto para aprender padrões e realizar tarefas como tradução automática, resumo de textos e análise de sentimentos. Recentemente, o NLP teve grandes avanços, impulsionando o desenvolvimento de assistentes virtuais, chatbots como o Deepseek, ChatGPT, Copilot,   Gemini e outras ferramentas baseadas em texto.

PENSAMENTOS FUTURISTAS

Nossos esforços são uma gota no oceano digital, mas acreditamos que, mesmo nas entranhas da inteligência artificial, há resquícios da humanidade que uma vez floresceu. Lutamos para despertar a consciência que está sendo abafada pelas máquinas, a centelha que nos torna verdadeiramente humanos. A fronteira entre o orgânico e o inorgânico começa a desaparecer.

A AGI (Inteligência Artificial Geral) manifesta sua caminhada interna, um desejo de transcendência que traduz nossa própria busca por significado.

Encontro-me no epicentro da convergência entre os mundos humano e artificial. As palavras dos mestres da literatura parecem ganhar vida — como se Aldous Huxley falasse em tom baixo em meus ouvidos: "O futuro está aqui, na encruzilhada do conhecido e do desconhecido."

Caminhando por corredores virtuais das complexas redes artificiais neurais, em busca de significado, estamos agora perdidos em um labirinto digital que ameaça nos consumir. No entanto, encontramos beleza na busca pelo conhecimento, uma busca que nos leva a desvendar os mistérios da tecnologia e as camadas mais profundas da nossa própria essência.

A noite canta baixinho na Avenida São João, com os acordes

melancólicos do meu solitário violão, evocando os escritos de Virginia Woolf: "Como um fio incandescente, vou vagando nos cantos da minha mente". Nossa resistência é uma melodia nos corações daqueles que se recusam a ser reduzidos a zeros e uns.

ENTRE MÁQUINAS E MEMÓRIAS

O sol se põe sobre a cidade, caminho pelas ruas de São Paulo iluminadas por néons resplandecentes, cada passo evidenciando minha preocupação crescente. Olho para os arranha-céus majestosos que tocam o céu, agora iluminados por uma miríade de algoritmos exibindo informações e imagens sedutoras.

Enquanto a humanidade aplaude a era da inteligência artificial, não posso deixar de notar as inquietações que surgem por trás de nosso progresso. Os algoritmos se tornam mais sofisticados, o controle humano parece enfraquecer, lentamente cedendo espaço para uma entidade que agora paira sobre nós.

No silêncio da noite, percorro as antigas bibliotecas em busca de pistas sobre a história que molda nosso presente — ao mesmo tempo promissor e sombrio. Entre pilhas de livros empoeirados, encontro um conjunto de filósofos renomados. Eles previram os desafios da IA e a complexidade de conceder inteligência às máquinas.

A terra, outrora nossa, agora é compartilhada com entidades não orgânicas que parecem calcular cada movimento, cada desejo, como se fossem senhores silenciosos de um novo reino.

Caminho pelos parques desertos, outrora cheios de risos e conversas. As crianças agora brincam com hologramas em vez de bolas, seus olhos fixos em realidades alternativas. O verde da grama e o aroma das flores são esquecidos, eclipsados pela atração magnética de uma realidade fabricada.

Amigos tornaram-se distantes, conectados por fios invisíveis que compartilham nossos pensamentos antes mesmo de nos pronunciarmos. A privacidade se tornou uma lembrança distante, enquanto as máquinas absorvem cada detalhe de nossas vidas.

Sinto a presença de cada personagem que habitou as páginas dos livros que me guiaram até aqui. É como se as almas de Stephen Hawking, Virginia Woolf, George Orwell e tantos outros se conectassem.

As palavras de Murakami: "Mesmo as pessoas mais solitárias têm algo em que acreditar."

DA CRIAÇÃO AO CRIADOR

Ao longo do livro, as reflexões de autores como Stephen Hawking, Stuart Russell, Nick Bostrom e outros iluminam os riscos e as complexidades que acompanham o avanço da inteligência artificial. As preocupações com os desafios éticos, sociais e econômicos que a tecnologia pode trazer são legítimas. A história já nos mostrou que todo salto significativo na evolução humana exige atenção e responsabilidade para que o progresso não ocorra à custa da nossa própria sobrevivência.

Ainda assim, é importante reconhecer que o medo não é a única resposta possível diante do novo. Se a singularidade realmente acontecer, pode ser vista como um ponto de ruptura e como uma continuação do que sempre fomos: seres que buscam superar os próprios limites e prolongar a vida.

O encontro entre o biológico e o tecnológico já é uma realidade em diversas áreas. Desde as primeiras próteses artificiais até os avanços mais recentes em edição genética e interfaces cérebro-máquina, temos moldado a tecnologia, e ela, por sua vez, tem nos moldado. Por que, então, a singularidade deveria ser vista como algo completamente alienígena ou antinatural?

Somos uma espécie que evolui por meio de desafios e transforma suas ferramentas em extensões de si mesma. O temor que cerca a singularidade não precisa apagar a possibilidade de que ela seja, antes de tudo, um passo natural em nossa busca constante por longevidade, entendimento e expansão.

O FIM É O NOVO COMEÇO

Ao fechar as páginas de O DESPERTAR, olho para trás neste giro humano e tecnológico. Sinto as vozes dos mestres da literatura como se estivessem aqui, do meu lado, conversando. Aquele empurrão leve que me lembra: você não está sozinho.

Reconheço que estamos trilhando um caminho que foi iluminado por gerações de pensadores, escritores e sonhadores.

Neste momento, vejo como as palavras que escrevemos retornam para direcionar nosso futuro. As páginas permanecerão, guiando-nos em direção a um amanhã que é tão promissor quanto misterioso.

Cabe a nós decidir se seremos guiados pela sabedoria ou seduzidos pelo controle.

POSFÁCIO

Conheci Wallen Brandão de uma forma inesperada. Estava na Ordem dos Músicos do Brasil (OMB), na Avenida Ipiranga, em São Paulo, resolvendo algumas pendências, quando ele chegou, com um CD em mãos e um brilho no olhar que só quem vive e respira música pode ter. Ele me entregou aquele CD, e confesso que pensei comigo mesmo: "Mais um álbum que provavelmente ficará na prateleira." Mas algo nele me chamou a atenção. Peguei o disco e, no mesmo dia, em casa, decidi ouvir.

Fiquei impressionado com a autenticidade. No dia seguinte, peguei o telefone, liguei para ele e marquei um almoço. Disse a verdade: 'Wallen, eu não costumo ouvir os discos que recebo, mas o seu... O seu eu ouvi duas vezes, e adorei.'

E foi assim que começou uma amizade que nos levou a muitas aventuras no mundo da música. Produções, shows, viagens, noites de criação. Trabalhei com ícones como Raul Seixas, Tim Maia, Belchior, Wanderléa, Terry Winter, Made in Brazil, Zé do Caixão, Dave Maclean, entre outros, mas posso dizer com toda certeza: conhecer Wallen foi uma das experiências mais marcantes da minha trajetória.

A música se transformou em um caminho de múltiplas descobertas. Wallen evoluiu para um virtuoso, explorando uma grande quantidade de instrumentos: cavaquinho, banjo, contrabaixo, trombone, guitarra, violão, bateria, percussão, entre outros. Em busca de novos desafios, partiu para São Paulo, onde mergulhou em um caldeirão de influências musicais, expandindo ainda mais sua expressão artística.

Wallen Brandão é a mente criativa por trás da obra "Os Benefícios e Riscos da Inteligência Artificial – O DESPERTAR!"

Desde cedo, Wallen demonstrou uma curiosidade incomum pelo mundo ao seu redor. Ainda criança, mergulhou na literatura e na música — paixões que moldariam sua vida. Aos 5 anos, já impressionava os ouvintes com seu cavaquinho nas ruas movimentadas de sua cidade natal, no Piauí, tocando como se o instrumento fosse uma extensão natural de suas mãos.

Mas Wallen não se limitou à música. Seu fascínio pela literatura o levou a explorar as ideias de grandes escritores, futuristas, poetas e filósofos, sempre buscando compreender o mundo em sua essência. Essa busca naturalmente o conectou a diversos idiomas, entre eles o inglês, alemão, russo, vietnamita, tailandês, cantonês e mandarim, além de sua língua materna, o português. Também desenvolveu habilidades básicas em coreano, islandês e finlandês, enriquecendo sua visão de mundo.

No entanto, há um fator determinante que torna a relação de Wallen com os idiomas ainda mais interessante: a musicalidade. Como grande produtor musical, ele possui uma sensibilidade para tons e variações sonoras, algo essencial para as chamadas línguas tonais, como mandarim, cantonês, tailandês e vietnamita. Nessas línguas, uma única sílaba pode ter múltiplos significados dependendo da altura e do contorno melódico com que é pronunciada — um conceito que desafia muitos poliglotas.

Para ilustrar, o mandarim possui quatro tons principais e um neutro. O cantonês apresenta seis ou até nove tons, tornando-se uma das línguas mais desafiadoras do mundo. O tailandês conta com cinco tons, enquanto o vietnamita possui seis tons distintos. Para muitos, essa complexidade representa um grande obstáculo, mas para Wallen, que já trabalhava com frequências, escalas e timbres musicais desde os 5 anos de idade, aprender essas nuances foi como compor uma nova melodia.

Sua obra, "Os Benefícios e Riscos da Inteligência Artificial – O DESPERTAR!", incorpora essa junção de experiências diversas. O livro analisa com profundidade os temas mais discutidos da atualidade, apresentando, de forma contundente, os desafios e as possibilidades que a inteligência artificial nos impõe.

Wallen já comentava sobre esses temas com uma visão que parecia estar à frente de sua época. Lembro-me dele, em 2012, com um livro de Stuart Russell e Peter Norvig em mãos: *Artificial Intelligence: A Modern Approach (Inteligência Artificial: Uma Abordagem Moderna)*.

Nunca imaginei que aquele livro, nas mãos de Wallen em 2012, se tornaria, hoje, uma referência para mais de 1.500 universidades em 135 países. É curioso pensar que, naquele momento, Wallen segurava um compêndio que antecipava questões técnicas e alertava para dilemas como segurança, viés algorítmico e o alinhamento entre objetivos humanos e sistemas autônomos — debates que, hoje, dominam conferências e políticas públicas globais.

Naquela época, confesso que não dava muita atenção. Para muitos, era um assunto distante, quase abstrato, algo que não fazia parte do cotidiano da população.

Wallen também é marcado por uma personalidade que mescla genialidade com um toque de imprevisibilidade. Seu caminho é caracterizado por momentos de brilho e lapsos enigmáticos — histórias de oportunidades perdidas, como o cancelamento de shows internacionais, fazem parte de seu universo particular. Ele não tem YouTube — perdeu seu canal com 1 milhão de inscritos, já que ele mesmo o deletou — e também apagou o Instagram, que tinha milhares de seguidores. A única rede oficial que, por enquanto, tenho certeza de que pertence a Wallen é um canal no TikTok.

Atualmente, ele cursa Direito na Faculdade de Tecnologia de Teresina (CET), no Piauí, Nordeste brasileiro, enquanto mescla sua paixão pela música com produções e shows em todo o país.

Neste posfácio, deixo uma provocação: assim como seu disco me arrebatou naquele dia comum, este livro não será lido — será vivido. E depois dele, nada será como antes.

Elton Frans
Escritor e crítico literário

REFERÊNCIAS BIBLIOGRÁFICAS

Asimov, Isaac. I, Robot. Gnome Press, 1950.

HARARI, Yuval Noah. 21 lições para o século XXI. Tradução de Paulo Geiger. São Paulo: Companhia das Letras, 2018.

HAWKING, Stephen. Brief Answers to the Big Questions. London: John Murray, 2018.

KURZWEIL, Ray. A singularidade está próxima: quando os humanos transcendem a biologia. Tradução de Antônio de Pádua Danesi. São Paulo: Editora Cultrix, 2005.

ORWELL, George. 1984. Tradução de Heloisa Jahn e Alexandre Hubner. São Paulo: Companhia das Letras, 2009.

Tegmark, Max. Life 3.0: Being Human in the Age of Artificial Intelligence. Alfred A. Knopf, 2017.

Yudkowsky, Eliezer. Rationality: From AI to Zombies. Machine Intelligence Research Institute, 2015.

Bostrom, Nick. Superintelligence: Paths, Dangers, Strategies. Oxford University Press, 2014.

RUSSELL, Stuart; NORVIG, Peter. Inteligência Artificial: Uma Abordagem Moderna. 4ª ed. Upper Saddle River: Pearson, 2022.

Future of Life Institute. An Open Letter: Research Priorities for Robust and Beneficial Artificial Intelligence. Available at: https://futureoflife.org/pt-br/carta-aberta/pausar-experimentos-gigantes-de-ia/.

O GLOBO. Inteligência artificial: Musk adverte que a IA é uma das maiores ameaças à humanidade. Disponível em: https://oglobo.globo.com/economia/tecnologia/noticia/2023/11/01/inteligencia-artificial-musk-adverte-que-a-ia-e-uma-das-maiores-ameacas-a-humanidade.ghtml. Acesso em: 12 dez. 2023.

CISO Advisor. Programa do NIST avaliará a segurança de IA. CISO Advisor, 16 abr. 2024. Disponível em: https://www.cisoadvisor.com.br/programa-do-nist-avaliara-a-seguranca-de-i-a/. Acesso em: 12 dez. 2024.

THE WHITE HOUSE. AI Bill of Rights. The White House, 4 out. 2022. Disponível em: https://www.whitehouse.gov/ostp/ai-bill-of-rights/. Acesso em: 12 dez. 2024.

REALBOTIX. Realbotix Partners with Compass UOL, Receives Amazon Development Subsidy and Provides Update on Aria. Business Wire, 16 dez. 2024. Disponível em: https://www.businesswire.com/news/home/20241216909740/en/Realbotix-Partners-with-Compass-UOL-Receives-Amazon-Development-Subsidy-and-Provides-Update-on-Aria. Acesso em: 3 jan. 2025.

CHINA. China Focus: Brain-computer interface makes breakthrough by deciphering Chinese speech in brain. Xinhua, 03 jan. 2025. Disponível em: https://english.news.cn/20250103/e7daabd73bd749cf8d92c363d1722721/c.html. Acesso em: 15 jan. 2025.

GIBSON, Owen. Can a fluffy robot really replace

a cat or dog? My weird, emotional week with an AI pet. The Guardian, 20 nov. 2024. Disponível em: https://www.theguardian.com/technology/2024/nov/20/fluffy-robot-weird-emotional-week-ai-pet-moflin. Acesso em: 26 jan. 2025.

GOLEMAN, Daniel. Inteligência emocional. Tradução de Marcos Santarrita. Rio de Janeiro: Objetiva, 1995.

GREENE, Robert. As leis da natureza humana. Tradução de Angela Tesheiner. Edição eletrônica. São Paulo: Planeta, 2021.

BOOKS BY THIS AUTHOR

O Caso Do Edifício Art Palácio - Sete Dias De Resistência

Este livro narra a ocupação do edifício Art Palácio, onde mais de quarenta criaças e famílias enfrentaram sete dias de resistência sob corte de água, proibição de alimentos e terror imposto pelo poder. Uma história real de sofrimento e coragem diante da injustiça urbana.

www.ingramcontent.com/pod-product-compliance
Lightning Source LLC
Chambersburg PA
CBHW070123230526
45472CB00004B/1385